R.S.
14/03/21

Superpermutation

© R.S., 2021.

Table des matières

« Ainsi, déchiffrer un document cryptographique, c'est chercher ce qui dans ce document demeure invariant, quand on en permute les lettres. », H. Poincaré, Valeur sc.,1905, p.247.

« Ici j'ai froid l'hiver, en été j'ai trop chaud. Je voudrais permuter avec un de là-haut. », Hugo, Théâtre en lib.,1885, ii, 3, p.209.

« On ne peut à volonté regarder la même action comme juste ou injuste ; ces deux idées résistent à toute tentative de les permuter l'une dans l'autre : elles peuvent changer d'objets, jamais de nature. », Cousin, Hist. philos. XVIIIes.,1829, p.265.

A Amélie et Victor.

© 2021, RS, Paris, France.

ISBN : 9798743691265

1. Contexte actuel

Les superpermutation sont connues parfaitement jusqu'à n=5. On cherche ici à justifier pourquoi à partir de n=6 elles ne sont plus des palindromes et plus courtes.

Une superpermutation S est le plus petit nombre composé de toutes les permutations d'un ensemble P de nombres entiers de 1 à n. Par exemple avec n=2 on a P={1; 2} et S=121 ou S=212. Car on retrouve dans S toutes les permutations de 1 et 2 à savoir {1,2} et {2,1}. S est minimal car deux chiffres ne pourront jamais représenter à la fois la permutation {1,2} et {2,1}. En revanche, il existe des valeurs de S plus grandes comme la concaténation de toutes les permutations, soit : S=1221 ou S=2112.

La connaissance du nombre de chiffres de S, appelé la longueur minimale de S et noté L, représente une recherche intense.

Comment évolue L ? Voici les valeurs actuellement connues :

n	L
1	1
2	3
3	9
4	33
5	153
6	≤872
7	≤5 906
8	≤46 205
9	≤408 966

A partir de n=6, personne ne sait encore si la valeur de L est minimale.

2. Unicité

Il existe à l'évidence autant de valeurs de S que de permutations possibles de n, soit : n! (avec n!=(n-1)(n-2)(n-3)...2.1 appelée factorielle de n).

Par exemple si n=2, S=121 ou S=212 qui correspond à 2!=2 superpermutations de S.

Ainsi, pour toute solution S de L minimale, on a n!-1 superpermutations équivalentes.

Mais attention, par définition, il n'existe qu'un seul S qui corresponds au nombre le plus petit parmi ces n! superpermutations de longueurs minimales.

On a donc bien une unicité de S fonction de n.

3. Palindrome

Jusqu'à n=5, S est un palindrome.

C'est-à-dire qu'il peut se lire de gauche à droite comme de droite à gauche.

Par exemple pour n=2, S=121 ou S=212.

Ensuite, pour n>5 ce n'est pas le cas pour les valeurs de S minimales trouvées à ce jour.

Il existe donc peut être des S inférieurs palindromes.

Cette propriété n'est donc pas écartée.

4. Encadrement

Pour un n donné, on a n choix possibles pour le premier chiffre, (n-1) pour le second, ..., 1 pour le dernier. On a donc n(n-1)...1=n! permutations possibles pour un nombre à n chiffres. Or on souhaite créer un super nombre S qui comporte toutes ces permutations.

La façon la plus simple, mais aussi la plus longue, et de simplement concaténer toutes ces permutations. On aura ainsi S avec une longueur maximale de n(n!), soit le nombre de chiffres d'une permutation par le nombre de permutations possibles. C'est-à-dire :

$$1 \leq L_n \leq n(n!)$$

Cet encadrement est bien sûr très large et loin de la réalité.

De plus, le nombre de chiffres de S est forcément plus grand ou égal au nombre de permutations possibles superposées avec un décalage d'un chiffre puisque d'une permutation à une autre il y a au minimum une position différente des chiffres, et celle-ci peut correspondre à minima au premier ou dernier chiffre de cette permutation. Cela implique un décalage de superposition minimal d'une unité. Soit :

$$n! + n - 1 \leq L_n \leq n(n!)$$

En poussant ce raisonnement un peu plus loin, il vient que ce décalage d'une unité n'est possible qu'avec une permutation. Si bien que si on se retrouve dans la même configuration, on ne pourra pas trouver une permutation avec un seul chiffre au début ou en fin qui diffère. Il faudra alors marquer un décalage de deux chiffres au minimum. Mais alors, à quelle fréquence cela arrive-t-il ? Et pour 2, 3, ... chiffres à décaler ?

Pour cela, il faut d'abord observer que notre construction de S correspond à un décalage cyclique unitaire vers la gauche. Si bien qu'en (n+1) étapes on revient à la permutation initiale.

Par exemple en prenant n=4, on a : 1234, 234**1**, 3412, 4123 et enfin de nouveau 1234.

On peut donc effectuer n décalages d'un chiffre maximum suivi d'un décalage d'au moins deux chiffres puis encore n décalages d'un chiffre maximum et ainsi de suite. Ce qui permet d'écrire :

$$(n! + n - 1) + 1\big((n-1)! - 1\big) = n! + (n-1)! + n - 2 \leq L_n \leq n(n!)$$

Continuons. Existe-t-il un décalage obligé minimal de trois chiffres ou plus dans S ?

Oui car cette contrainte apparait forcément au rythme déjà détaillé précédemment. On a donc :

$$L_n \geq n! + n - 1 + \sum_{k=1}^{n-1} \big((n-k)! - 1\big) = \sum_{k=1}^{n-1} k!$$

D'ailleurs, on remarque que :

$$L_1 = 1! = 1$$

$$L_2 = 1! + 2! = 3$$

$$L_3 = 1! + 2! + 3! = 9$$

$$L_4 = 1! + 2! + 3! + 4! = 33$$

$$L_5 = 1! + 2! + 3! + 4! + 5! = 153$$

D'où :

$$L_n = \sum_{k=1}^{n-1} k! \leq n(n!) \; \forall n < 6$$

Ce résultat correspond à un nombre S en fonction de n palindrome et impair.

De plus, on sait construire S au rang n à partir de S au rang n-1. Pour cela, il suffit d'écrire par ligne toutes les permutations du rang n-1 de façons à ce qu'elles se chevauchent au maximum. Puis sur les mêmes lignes, d'écrire deux fois chacune des permutations n-1 avec le chiffre n entre elles. On continue de même sur les lignes suivantes toujours de façon à faire chevaucher le maximum de chiffres entre eux d'une ligne à l'autre.

Le fait que le nombre S soit palindrome, facilite le remplissage de ces lignes. Enfin, on reporte en bas par colonne, les chiffres trouvés au-dessus.

Voici un exemple pour trouver S avec n=3 et n=4 :

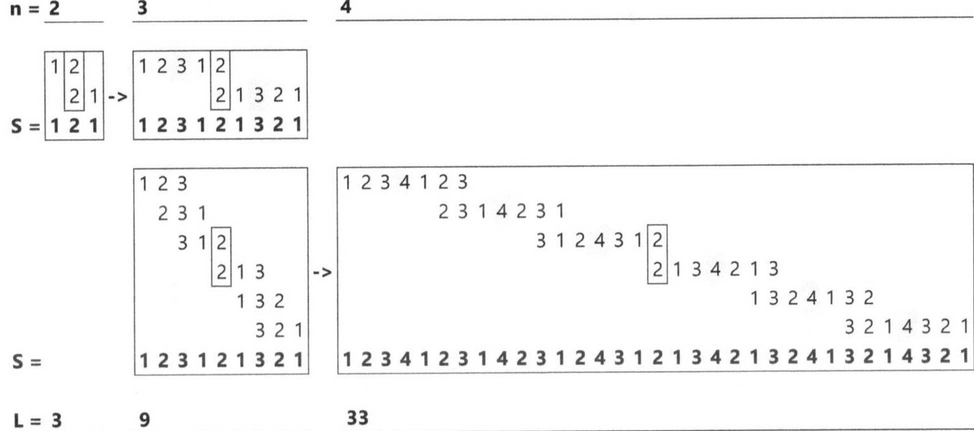

On pourra rechercher S pour n=5 avec les permutations de n=4 suivantes :

```
1 2 3 4
  2 3 4 1
    3 4 1 2
      4 1 [2] 3
        [2] 3 1 4
            3 1 4 2
              1 4 2 3
                4 2 [3] 1
                    [3] 1 2 4
                        1 2 4 3
                          2 4 3 1
                            4 3 1 [2]
                                [2] 1 3 4
                                    1 3 4 2
                                      3 4 2 1
                                        4 2 [1] 3
                                            [1] 3 2 4
                                                3 2 4 1
                                                  2 4 1 3
                                                    4 1 [3] 2
                                                        [3] 2 1 4
                                                            2 1 4 3
                                                              1 4 3 2
                                                                4 3 2 1
1 2 3 4 1 2 3 1 4 2 3 1 2 4 3 1 2 1 3 4 2 1 3 2 4 1 3 2 1 4 3 2 1
```

Visuellement sur un graphique type radar, on obtient :

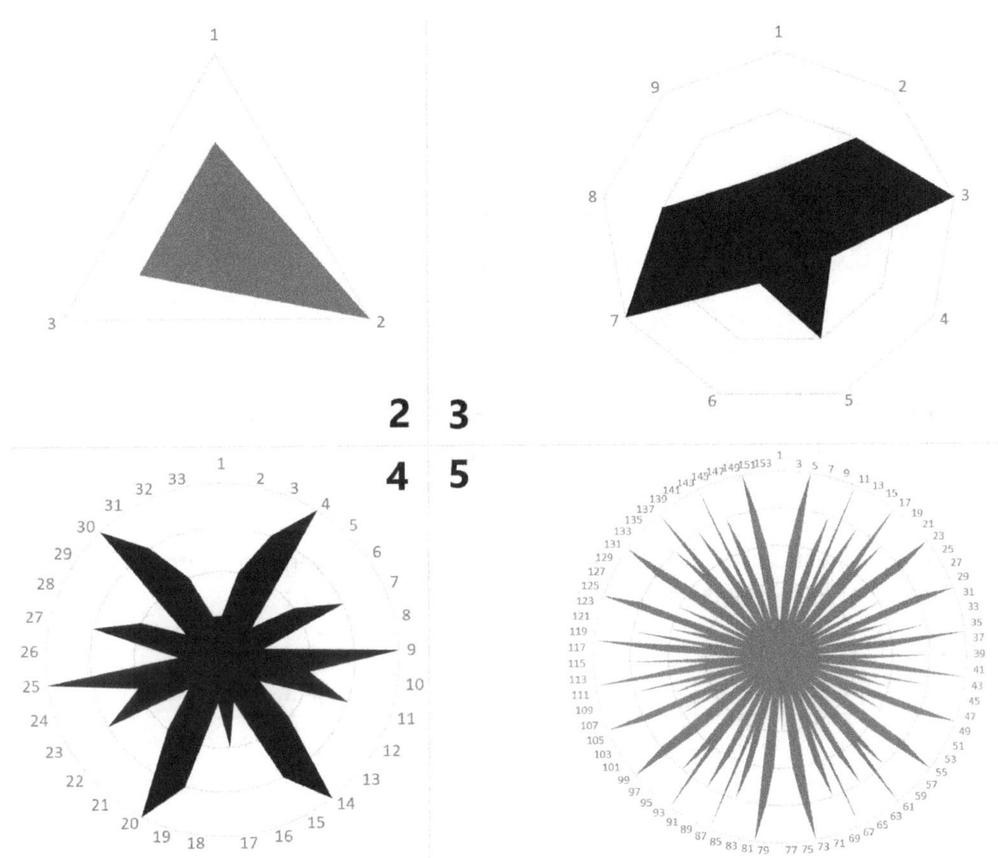

Ces quatre graphiques pour n=2 à 5 sont très beau du fait de leurs symétries. Ces dernières sont liées au fait que S soit ici palindrome.

Voici le nombre de chiffres de S selon n :

n	L
1	1
2	3
3	9
4	33
5	153
6	≤873
7	≤5 913
8	≤46 233
9	≤409 113

Les superpermutations sont-elles donc bien toutes connues maintenant ? Et bien non ! Car à partir de n=6, il a été trouvé des valeurs de S plus courtes que nos superpermutations palindromes impaires.

Le problème n'est donc pas fini et des recherches actives sont en cours. D'ailleurs, l'encadrement le plus serré actuellement connu est le suivant :

$$\forall n \geq 2 :$$
$$n! + (n-1)! + (n-2)! + n - 3 \leq L_n \leq n! + (n-1)! + (n-2)! + (n-3)! + n - 3$$

En particulier :

n	≤	L	≤
1		1	
2	1	3	3
3	4	9	9
4	16	33	33
5	76	153	153
6	867	872 ?	873*
7	5 904	5 906 ?	5 908*
8	46 085	?	46 205
9	408 246	?	408 966

*Pour n=6, L<873 car il a été trouvé une superpermutation de 872 chiffres.
Et pour n=7, L<5 907 car il a été trouvé une superpermutation de 5 906 chiffres.

Graphiquement, la croissance de L selon n en échelle logarithmique vaut :

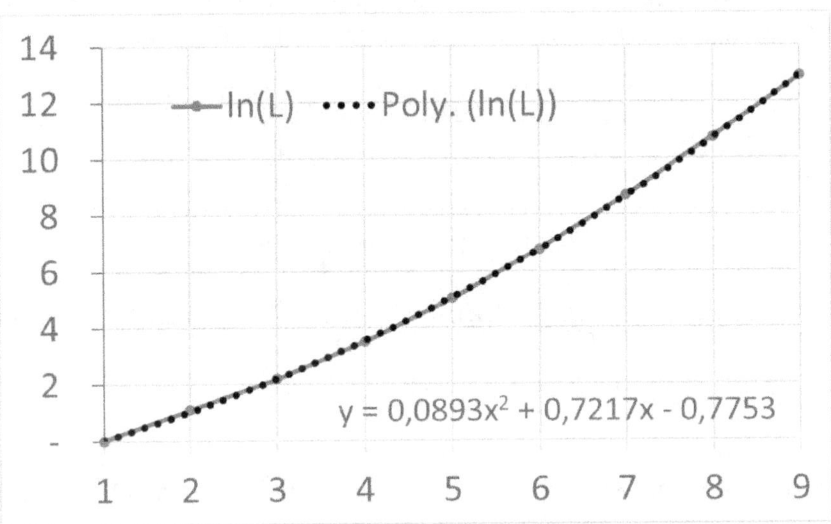

Ainsi, par approximation grossière, L est de la forme :

$$L_n \approx e^{\frac{89n^2 + 722n - 775}{1000}}$$

De plus, le nombre de permutations possibles étant factoriel selon n, il est très long de calculer tous les S possibles par ordinateur et d'en extraire sa longueur minimale L, dès que n dépasse 5.

En effet, pour n=6, il existe 720 permutations que l'on peut mélanger un très grand nombre de fois pour trouver tous les S possibles. C'est-à-dire que :

$$2(n!)! > \#S_n > (n!)!$$

Soit par exemple pour :

$$n = 3 \rightarrow 2(3!)! = 1\,440 > \#S_3 > (3!)! = 720$$

$$n = 4 \rightarrow 2(4!)! = 12,4.10^{23} > \#S_4 > 2(4!)! = 6,2.10^{23}$$

La croissance est gigantesque, en factorielle de factorielle.

Bien sûr, des optimisations intelligentes existent. Mais le nombre de cas possibles d'écrire S reste immense et donc très long à calculer pour un ordinateur même performant.

C'est une des raisons pour laquelle on ne sait pas si la longueur trouvée de S pour n>5 est minimale.

5. Superpermutation

Les premières valeurs de S valent :

$$S_1 = 1$$

$$S_2 = 1\,2\,1$$

$$S_3 = 123\,1\,2\,1\,321$$

$$S_4 = 1234\,1231\,4231\,2431\,2\,1342\,1324\,1321\,4321$$

$$S_5 = 12345\,12341\,52341\,25341\,23541\,23145\,23142$$
$$53142\,35142\,31542\,31245\,31243\,51243\,15243\,12543$$
$$1\,2\,1$$
$$34521\,34251\,34215\,34213\,54213\,24513\,24153\,24135$$
$$24132\,54132\,14532\,14352\,14325\,14321\,54321$$

$$\ldots$$

$$S_{2n} = \{k_{2n}\ blocs\ de\ 2n\ chiffres\}2\{k_{2n}\ blocs\ de\ 2n\ chiffres\}$$

$$S_{2n+1} = \{k_{2n+1}\ blocs\ de\ 2n+1\ chiffres\}121\{k_{2n+1}\ blocs\ de\ 2n+1\ chiffres\}$$

L serait donc toujours impair.

Et on déduit k des valeurs minimales de S trouvées pour n<6 et de l'encadrement précédent pour n>5. On a donc :

$$Si\ n\ pair \rightarrow \frac{(n-2)!\,n-3}{2} \leq k_n = \frac{L_n-1}{2n} \leq \frac{1}{2}\left((n-2)!\,n + \frac{(n-3)!}{n} + 1\right) - \frac{2}{n}$$

$$Si\ n\ impair \rightarrow \frac{(n-2)!\,n-3}{2} - \frac{1}{n} \leq k_n = \frac{L_n-3}{2n} \leq \frac{1}{2}\left((n-2)!\,n + \frac{(n-3)!}{n} + 1\right) - \frac{3}{n}$$

Soit :

n	$\leq$	k	$\leq$
1		0	
2	-0,5	1	$+\infty$
3	-0,33...	1	1,16...
4	2,5	4	4,125
5	13,3	15	15,1
6	70,5	72,58... ?	72,66...*
7	418,35...	421,64... ?	421,78...*
8	2 878,5	?	2 887,75
9	22 678,38...	?	22 720,16...

*Pour n=6, k<72,66 car il a été trouvé une superpermutation avec k=72,58.
Et pour n=7, k<421,78 car il a été trouvé une superpermutation avec k=421,64.

6. Construction

Il existe énormément de constructions de séquences de superpermutations. Vous en trouverez d'ailleurs dans les articles cités en références. Nous en avons d'ailleurs présenté dans cet ouvrage.

Trouver des constructions de séquences de superpermutations n'est pourtant pas simple. C'est tout à fait extraordinaire qu'on en ait trouvé autant et si variés. En revanche, connaître le plus petit nombre de chiffres de n'importe quelle superpermutation est à ce jour encore inconnu seulement dès n=6. Cette constatation est tout à fait étonnante malgré les puissances de calcul actuelles des ordinateurs. A l'aube de l'ère des ordinateurs quantiques, de calculs parallèles et autres intelligences artificielles, il parait inconcevable que nos limites soient si grandes pour un tel problème.

La question sous-jacente est : existe-t-il un raisonnement plus ou moins simple qui permet de compter parfaitement le nombre de chiffres des superpermutations ? Et en question subsidiaire : existe-t-il un algorithme qui permet de construire au moins une séquence minimale de chiffres des superpermutations ? La seconde question, à priori plus simple à y répondre, étant liée à la première, bien plus complexe, nous n'avons pas de réponse satisfaisante à ce jour.

Bâtir un raisonnement solide qui résiste à tous les cas possibles n'est pas une mince affaire. Les superpermutations étant des morceaux de nombres intercalés les uns aux autres le plus compact possible, trouver une méthode pour les construire, reste encore inatteignable. Et quand bien même, si cette méthode existe et est trouvée, il faut encore être capable de prouver qu'elle génère bien la séquence de nombres la plus courte possible et ce, dans tous les cas. Cela parait inaccessible. Plusieurs résultats intermédiaires, avec peut être à la clé de nouvelles théories mathématiques, seront vraisemblablement indispensables pour peu à peu gravir cette montagne.

7. Coffre-fort

Les superpermutations permettent de tester tous les codes possibles d'un coffre-fort le plus rapidement possible. Et oui, en suivant dans l'ordre la séquence chiffre par chiffre de la superpermutation correspondante au nombre de chiffres possibles du coffre-fort, vous trouverez le plus rapidement possible le code d'accès. En effet, puisque la particularité d'une superpermutation est de passer par toutes les combinaisons possibles à n chiffres en un minimum de chiffres, vous tomberez non seulement forcément sur le code d'accès à un moment mais en plus dans un temps le plus court possible tout en ayant au préalable aucun indice sur ce code d'accès.

Ainsi, les superpermutations sont également utilisées en cryptographie. Une belle application des mathématiques combinatoires. C'est aussi pour cela que les chercheurs s'y intéressent activement.

8. Perspectives

Les superpermutations regorgent de surprises. Tout d'abord on pensait les connaître toutes avec une merveilleuse équation : la somme des factorielles croissantes. Puis, nous avons vu qu'il existe des solutions plus courtes pour $n>5$. Les mathématiciens ont alors trouvé au fil des années d'autres bornes supérieures de moins en moins grandes. Mais nous en savons toujours pas si nous avons réellement atteint la limite de celle-ci.

Côté construction de séquences de chiffres de superpermutations, il existe plusieurs méthodes efficaces. Elles regorgent souvent d'ingéniosité montrant le génie humain. Mais là encore, nous ne savons toujours pas construire méthodiquement la plus courte séquence dès que $n>5$ et à chaque fois.

La longueur et la forme des superpermutations restent donc de merveilleuses énigmes mystérieuses. Sauriez-vous répondre, au moins en partie, à ces interrogations et ainsi faire avancer notre savoir collectif ? Bon courage.

9. Références

Voici quelques références sur le sujet :

- fr.wikipedia.org/wiki/Superpermutation
- pourlascience.fr/sd/mathematiques/le-secret-darsene-lupin-les-super-permutations-19655.php
- oeis.org/A180632
- gregegan.net/SCIENCE/Superpermutations/Superpermutations.html
- oeis.org/A180632/a180632.pdf
- notatt.com/permutations.pdf
- arxiv.org/pdf/1408.5108.pdf
- arxiv.org/pdf/1303.4150.pdf

SUPERPERMUTATION

SUPERPERMUTATION